目　次

引　言 ……………………………………………………………………………………………………… Ⅳ
前　言 ……………………………………………………………………………………………………… Ⅴ
1　范围 ……………………………………………………………………………………………………… 1
2　规范性引用文件 ………………………………………………………………………………………… 1
3　术语和定义 ……………………………………………………………………………………………… 1
　3.1　访问方式(Access Method) ……………………………………………………………………… 1
　3.2　空中接口协议(Air Interface Protocol) ………………………………………………………… 1
　3.3　应用指令(Application Command) ……………………………………………………………… 1
　3.4　应用族标识符(Application Family Identifier AFI) …………………………………………… 2
　3.5　弧(Arc) …………………………………………………………………………………………… 2
　3.6　数据格式(Data Format) ………………………………………………………………………… 2
　3.7　数据协议处理(Data Protocol Process) ………………………………………………………… 2
　3.8　数据破坏(Digital Vandalism) …………………………………………………………………… 2
　3.9　数据储存格式标识符(DSFID) …………………………………………………………………… 2
　3.10　元数据(Metadata) ……………………………………………………………………………… 2
　3.11　对象标识符(Object Identifier) ………………………………………………………………… 2
　3.12　相对对象标识符(Relative – OID) ……………………………………………………………… 2
　3.13　根对象标识符(Root – OID) ……………………………………………………………………… 2
　3.14　标签驱动(Tag Driver) …………………………………………………………………………… 2
4　标准约束 ………………………………………………………………………………………………… 3
　4.1　数据元素 …………………………………………………………………………………………… 3
　4.2　RFID空中接口 ……………………………………………………………………………………… 3
　　4.2.1　概述 ………………………………………………………………………………………… 3
　　4.2.2　空中接口一致性 …………………………………………………………………………… 3
　　4.2.3　标签性能 …………………………………………………………………………………… 3
　4.3　数据协议 …………………………………………………………………………………………… 3
　4.4　RFID读写器 ………………………………………………………………………………………… 3
5　数据元素 ………………………………………………………………………………………………… 4
　5.1　概述 ………………………………………………………………………………………………… 4
　5.2　主馆藏标识 ………………………………………………………………………………………… 6
　5.3　内容参数 …………………………………………………………………………………………… 6
　5.4　所属馆代码(ISIL国际标准化馆标识符) ………………………………………………………… 6
　5.5　卷(册)信息 ………………………………………………………………………………………… 7
　5.6　应用类别 …………………………………………………………………………………………… 7
　5.7　排架位置 …………………………………………………………………………………………… 7
　5.8　ONIX媒体格式 ……………………………………………………………………………………… 7
　5.9　MARC媒体格式 ……………………………………………………………………………………… 8
　5.10　供应商标识 ………………………………………………………………………………………… 8

5.11 订购号 ……………………………………………………………………………………… 8

5.12 馆际互借借入机构(ISIL) …………………………………………………………………… 8

5.13 馆际互借事务号 ……………………………………………………………………………… 8

5.14 GS1 产品标识 ………………………………………………………………………………… 8

5.15 备选的唯一馆藏标识 ………………………………………………………………………… 9

5.16 本地数据 ……………………………………………………………………………………… 9

5.17 题名 …………………………………………………………………………………………… 9

5.18 产品标识(本地) ……………………………………………………………………………… 9

5.19 媒体格式(其他) ……………………………………………………………………………… 9

5.20 供应链阶段标识 ……………………………………………………………………………… 9

5.21 发票号 ………………………………………………………………………………………… 10

5.22 备选馆藏标识 ………………………………………………………………………………… 10

5.23 备选所属机构标识 …………………………………………………………………………… 10

5.24 所属机构分馆标识 …………………………………………………………………………… 10

5.25 备选 ILL 互借机构标识 ……………………………………………………………………… 10

5.26 其他备用的数据元素 ………………………………………………………………………… 11

6 数据编码 …………………………………………………………………………………………… 11

6.1 编码协议 ……………………………………………………………………………………… 11

6.2 数据组件 ……………………………………………………………………………………… 11

6.2.1 AFI ……………………………………………………………………………………… 11

6.2.2 数据格式 ………………………………………………………………………………… 11

6.2.3 图书馆应用的对象标识 ………………………………………………………………… 11

6.2.4 主馆藏标识的对象标识 ………………………………………………………………… 12

6.2.5 DSFID 和存取方式 ……………………………………………………………………… 12

6.3 ISO/IEC 15961—1 指令及应答 ……………………………………………………………… 12

6.4 ISO/IEC 15962 编码规则 ……………………………………………………………………… 12

6.4.1 逻辑存储 ………………………………………………………………………………… 13

6.4.2 RFID 标签配置 ………………………………………………………………………… 13

6.4.3 数据压缩 ………………………………………………………………………………… 14

6.4.4 创建编码数据 …………………………………………………………………………… 14

7 RFID 标签要求 …………………………………………………………………………………… 16

7.1 空中接口协议 ………………………………………………………………………………… 16

7.1.1 存储参数说明 …………………………………………………………………………… 16

7.1.2 AFI 存储空间 …………………………………………………………………………… 17

7.1.3 DSFID 存储空间 ………………………………………………………………………… 17

7.1.4 空中接口指令 …………………………………………………………………………… 17

7.2 空中接口一致性及标签性能 ………………………………………………………………… 18

8 数据完整性、安全性 ……………………………………………………………………………… 18

8.1 数据完整性 …………………………………………………………………………………… 18

8.2 馆藏安全 ……………………………………………………………………………………… 18

8.2.1 AFI 的应用 ……………………………………………………………………………… 18

8.2.2 唯一标签标识符的应用 ………………………………………………………………… 19

8.2.3 EAS 功能的应用 ………………………………………………………………………… 19

附录 A （资料性附录）ISO/IEC 15961—1 相关应用指令 …………………………………… 20
附录 B （资料性附录）ISIL 预编码……………………………………………………………… 22
附录 C （资料性附录）ISO/IEC 15962 数据压缩模式 ………………………………………… 26
附录 D （资料性附录）编码实例………………………………………………………………… 32

引　言

"图书馆 射频识别 数据模型"标准的制定目的在于为我国图书馆及相关组织提供一套与国际标准化组织图书馆 RFID 技术应用标准兼容的中国行业标准。

"图书馆 射频识别 数据模型"标准由两个相关联的部分组成:

第 1 部分:数据元素设置及应用规则

第 2 部分:基于 ISO/IEC 15962 的数据元素编码方案

"图书馆 射频识别 数据模型"标准主要参照 ISO 28560—1、ISO 28560—2 和 ISO15511 标准,遵循其体系架构总体要求和区域自主参数选择规则,制定中国区域标准。

"图书馆 射频识别 数据模型"标准适用于采用 ISO /IEC 18000—3、ISO/IEC 18000—6C 通信协议的中国区域图书馆及相关行业组织。在执行该标准的中国区域范围内不推荐用户采用 ISO 28560—3 标准,但在实际应用中用户如遇采用 ISO 28560—3 标准(国外资源提供方采用了此标准)的国际物流、互借、编目、数据交换的 RFID 作业时,允许中国辖区用户使用含 ISO 28560—3 标准功能的数据终端处理相关作业。

基于图书馆 RFID 技术应用仍处于发展中,"图书馆 射频识别 数据模型"标准对国际和国内图书馆组织已达成共识的数据模型参数予以准确定义公布;对于已经应用,但存在多种方案和仍在协调之中的技术,待其优化稳定后,将在标准的后续修订版中公布。

前　言

　　本标准为"图书馆 射频识别 数据模型"标准第 2 部分,与"图书馆 射频识别 数据模型 第 1 部分:数据元素设置及应用规则"共同构成"图书馆 射频识别 数据模型"标准体系。

　　本标准同时遵循 ISO 28560—2 标准,确定了 RFID 数据元素的编码方案:即基于 ISO/IEC 15962 标准的数据元素编码规则。

　　本标准按照 GB/T 1.1—2009 给出的规则起草。

　　本标准由中华人民共和国文化部提出。

　　本标准由全国图书馆标准化技术委员会(SAC/TC 389)归口。

　　本标准主要起草单位:国家图书馆。

　　本标准参与起草单位:深圳图书馆、中国电子技术标准化研究所、北京大学图书馆、汕头大学图书馆、浙江图书馆、南京图书馆、中科院文献情报中心、上海图书馆、杭州图书馆。

　　本标准主要起草人:孙一钢、申晓娟、董曦京、秦格辉。

　　本标准参与起草人:王迎霞、田颖、王林、聂华、王文峰、夏海、吴政、刘晓清、宋文、杨明华、寿晓辉。

　　请注意本文件的某些内容可能涉及专利。本文件的发布机构不承担识别这些专利的责任。

图书馆 射频识别 数据模型
第 2 部分：基于 ISO/IEC 15962 的数据元素编码方案

1 范围

本部分定义了图书馆的射频识别数据模型、数据元素存储规则及编码方案，以满足各种类型图书馆（如大学图书馆、公共图书馆、企业图书馆、专业图书馆、中小学图书馆等）应用 RFID 技术来管理图书馆的需要。

本标准提出了基于 ISO/IEC 15962 的编码规则，可对本标准第一部分所定义的数据元素进行选择性使用。编码规则允许 RFID 标签中的数据元素以任意顺序进行组织，并且为变长及变格式的数据提供灵活的编码方案。

2 规范性引用文件

下列参考文件对于本文件的应用是必不可少的。凡是注日期的引用文件，仅注日期的版本适用于本文件。凡是不注日期的引用文件，其最新版本（包括所有的修改单）适用于本文件。

GB 1988—1998 信息技术 信息交换用七位编码字符集

GB 13000—2010 信息技术 通用多八位编码字符集（UCS）

GB/T 15273.1—1994 信息处理 八位单字节编码图形字符集 第 1 部分：拉丁字母一

GB/T 17969.1—2000 信息技术 开放系统互连 OSI 登记机构的操作规程 第 1 部分：一般规程

ISO/IEC 15962 信息技术 用于物品管理射频识别 数据协议：数据编码规则和逻辑存储功能

ISO/IEC 15961—1 信息技术 用于物品管理的射频识别 数据协议 第 1 部分：应用接口

ISO/IEC 15961—2 信息技术 用于物品管理的射频识别 数据协议 第 2 部分：RFID 数据结构注册

ISO/IEC 18000—3 信息技术 用于物品管理射频识别 第 3 部分：13.56MHz 空中接口通讯参数

ISO/IEC 18046—3 信息技术 射频识别设备性能测试方法 第 3 部分：标签性能测试方法

ISO/IEC TR 18047—3 信息技术 射频识别设备符合性测试方法 第 3 部分：13.56MHz 空中接口通信测试方法

ISO 28560—1 信息技术 图书馆 RFID 一般需求和数据元素

ISO 28560—2 信息技术 图书馆 RFID 基于 ISO/IEC 15962 的数据元素编码方案

3 术语和定义

下列术语和定义适用于本文件。

3.1
访问方式（Access Method）
DSFID 的一个组件，用于申明 RFID 标签中遵循 ISO/IEC 15962 标准的数据压缩和编码规则。

3.2
空中接口协议（Air Interface Protocol）
在 RFID 读写器和相应类型 RFID 标签之间的通讯规则，包括：频率、调制、位编码及命令集。

3.3
应用指令（Application Command）
由应用发往 ISO/IEC 15962 数据协议处理器的指令，用以通过读写器与 RFID 标签建立一个动作或操作。

3.4

应用族标识符(Application Family Identifier AFI)

在数据协议和空中接口协议中所使用的机制,用于选择与某一应用或应用中某一方面相关的一类射频标签,并忽略与带有不同标识符的其他类别射频标签的进一步通信。

3.5

弧(Arc)

对象标识符树的特定分支,在需要定义特定对象时增加新的分支。所有对象标识符的头三个弧(GB/T 17969.1)兼容,以确保其唯一性。

3.6

数据格式(Data Format)

在数据协议中所使用的机制,以标识对象标识符在射频标签内是如何编码的,并且(若可能)标识出该应用的相关对象标识符集合的特定数据字典。

3.7

数据协议处理(Data Protocol Process)

ISO/IEC 15962 中所定义的处理方式,包含数据压缩、格式化、对命令/回应单元的支持,以及标签驱动接口。

3.8

数据破坏(Digital Vandalism)

对 RFID 标签上数据未经授权的篡改,导致数据不可用或错误地标识其他标识符。

3.9

数据储存格式标识符(DSFID)

至少包含了访问方式和数据格式代码内容。

3.10

元数据(Metadata)

一种数据或关于数据的信息。

注:在该国际标准的本部分上下文中,元数据可以是与数据相关的相对对象标识符,与压缩和编码字节相关的前置符,或是与数据相关的 AFI 和 DSFID。

3.11

对象标识符(Object Identifier)

与对象相关联的,与其他同类型值均不相同的全局唯一值。

3.12

相对对象标识符(Relative – OID)

在根对象标识符之后构成余下弧(分支)的特定对象标识符。

3.13

根对象标识符(Root – OID)

构成对象标识符集合的第 1 个、第 2 个和后续公共弧(分支)的特定对象标识符。根对象标识符和相对对象标识符构成完整的对象标识符。

3.14

标签驱动(Tag Driver)

在数据协议处理器和 RFID 标签之间数据传输的实现。

4 标准约束

4.1 数据元素

本部分中的数据元素必须符合本标准第1部分中所定义的数据元素。

4.2 RFID 空中接口

4.2.1 概述

在未特别说明的情况下,本部分所提到的符合空中接口的标签特指遵循 ISO/IEC 18000—3 模式1 标准的标签技术参数,同时遵循 ISO/IEC 15962 标准编制本标准的数据编码范例。

图书馆业内平行存在 HF 和 UHF 频段 RFID 技术应用,二者在标签数据元素和编码方案标准化上的协调一致有利于图书馆 RFID 应用的整体平稳发展。本标准的第1部分易于被两个频段应用共同接受,但对于第2部分,由于符合 ISO/IEC 18000—6C 标准和符合 ISO/IEC 18000—3 模式1 标准的设备之间存在一定技术差异,在标签编码过程中要求二者做到各种参数细节的绝对一致是不现实的,同时也不存在二者设备之间的直接交互作业。因此,本标准对 UHF 频段图书馆应用推荐采用与本标准(参照 ISO 28560—2)高度一致化(非完全一致)的 TLV 标签编码模式及压缩编码方案。其标签应用一致性检验在遵守上述推荐编码方案原则下参照 UHF 频段的对应技术标准。若后期 ISO 28560 相关专用国际标准发布,本标准将做相应调整。

在执行本标准的中国区域范围内不推荐用户采用 ISO 28560—3 标准,但在实际应用中用户如遇采用 ISO 28560—3 标准(国外资源提供方采用了此标准)的国际物流、互借、编目、数据交换的 RFID 作业时,允许中国辖区用户使用含 ISO 28560—3 标准功能的数据终端处理相关作业。

4.2.2 空中接口一致性

空中接口的符合性测试应该遵循 ISO/IEC TR 18047—3 标准,即 13.56MHz 空中接口通信的测试方法。

4.2.3 标签性能

标签性能的测试应该遵循 ISO/IEC 18046—3 标准。

4.3 数据协议

ISO/IEC 15961—1 标准定义了一套规范应用系统与 RFID 标签间通讯的应用命令,在附录 A 中有对相关命令的介绍。

本编码方案遵循 ISO/IEC 15962 标准所制定的数据压缩及编码规则,同时对以下两点进行特别限定:

a. 本部分唯一用到的编码规则只基于"非目录"结构存取方式。在本标准改版前,不支持其他的存取方式。

b. 根据 RFID 标签本身的包容性,本标准同时支持对 DSFID 的硬编码和软编码。

4.4 RFID 读写器

为了实现 RFID 系统间的互操作性,RFID 读写器应基于由 ISO/IEC 联合技术委员会 JTC 1/SC 31 所制定的开放式 RFID 标准框架。也就是说任何制造商的读写设备要能读写其他制造商的 RFID 标签,反之,任何制造商的 RFID 标签要能被其他制造商的读写器所读写。

5 数据元素

5.1 概述

组成本标准数据字典的数据元素集在《图书馆 射频识别 数据模型 第 1 部分：数据元素设置及应用规则》中有详细描述（见下表 1），其中只有一项数据元素，即主馆藏标识是必备的，其他均为可选元素，各个图书馆可根据自己的实际需要选择使用。

表 1 列出了全部用户数据元素以及其相对对象标识符、数据内容格式、是否锁定建议等，所有数据元素的最大长度不超过 255 个字符，采取变长方式来显示。

表 1　用户数据元素列表

OID	数据元素名称	状态	数据内容格式	锁定
1	主馆藏标识 Primary item identifier	必备	变长字母数字 字符集 = GB 1988	锁定
2	内容参数 Content parameter	可选	位映射码（参见 6.2.2）	可选
3	所属馆代码（ISIL） Owner institution	可选	基于 ISO 15511 的变长字段（最长 16 字符）	可选
4	卷（册）信息 Set Information	可选	{卷（册）总数/分卷（册）编号} （最大值 < =255）	可选
5	应用类别 Type of usage	可选	单字节（编码列表）	可选
6	排架位置 Shelf Location	可选	变长字母数字 字符集 = GB 1988	可选
7	ONIX 媒体格式 ONIX Media format	可选	2 个大写字母 字符集 = GB 1988	可选
8	MARC 媒体格式 Marc Media format	可选	2 个小写字母 字符集 = GB 1988	可选
9	供应商标识 Supplier Identifier	可选	变长字母数字 字符集 = GB 1988	可选
10	订购号 Order Number	可选	变长字母数字 字符集 = GB 1988	可选
11	馆际互借借入机构 ILL Borrowing Institution（ISIL）	可选	基于 ISO 15511 的变长字段（最长 16 字符）	无
12	馆际互借事务号 ILL Borrowing Transaction Number	可选	变长的 ASCII 字母数字串	无
13	GS1 产品标识 GS1 product identifier	可选	13 位定长数字串	可选
14	备选唯一馆藏标识 Alternative unique item Identifier	预留		

OID	数据元素名称	状态	数据内容格式	锁定
15	本地数据 A Local Data A	可选	变长字母数字 字符集为 GB 1988 或 GB/T 15273.1 或 GB 13000	可选
16	本地数据 B Local Data B	可选	变长字母数字 字符集为 GB 1988 或 GB/T 15273.1 或 GB 13000	可选
17	题名 Title	可选	变长字母数字 字符集为 GB 1988 或 GB/T 15273.1 或 GB 13000	可选
18	产品标识（本地） Product identifier local	可选	变长字母数字 字符集 = GB 1988	可选
19	媒体格式（其他） Media Format(other)	可选	单字节	可选
20	供应链阶段标识 Supply Chain Stage	可选	单字节	可选
21	发票号 Supplier Invoice Number	可选	变长字母数字 字符集 = GB 1988	可选
22	备选馆藏标识 Alternative Item Identifier	可选	变长字母数字 字符集 = GB 1988	可选
23	备选所属机构标识 Alternative Owner Institution Identifier	可选	变长字母数字 字符集 = GB 1988	可选
24	所属机构分馆标识 Subsidiary of an Owner Institution	可选	变长字母数字 字符集 = GB 1988	可选
25	备选 ILL 互借机构标识 Alternative ILL Borrowing Institution	可选	变长字母数字 字符集 = GB 1988	可选
26	本地数据 C Local Data C	可选	变长字母数字 字符集为 GB 1988 或 GB/T 15273.1 或 GB 13000	可选
27	未定义 Not Defined	预留		
28	未定义 Not Defined	预留		
29	未定义 Not Defined	预留		
30	未定义 Not Defined	预留		
31	未定义 Not Defined	预留		

5.2 主馆藏标识

相对 OID:1。

内容形式:变长字母数字,字符集为 GB 1988。

锁定方式:锁定。

说明:图书馆馆藏标识,至少在图书馆内具有唯一性。

主馆藏标识是本标准中唯一指定必备的元素。并且必须遵循本标准规定的编码方式。

主馆藏标识可包含字母和数字,且为可变长。尽管编码规则支持任意长度的主馆藏标识符,但如果内容长度较短或全为数字的话,编码效率将更高,占用的存储空间更少,在通过空中接口传输时也会更快。本标准建议不要将主馆藏标识定义得太长,同时应尽量避免字母数字混合的情形发生。

ISO/IEC 15962 标准中虽然指定对本数据元素的锁定是可选的,但本标准将其设为锁定,以避免各种数据破坏情形的发生。应将主馆藏标识作为第一个编码元素编码到 RFID 标签存储块上,以便在读取命令中若调用"读第一个对象(Read – First – Object)"参数时,可加快空中接口的事务处理时间。

5.3 内容参数

相对 OID:2。

内容形式:标签中相对 OID 的位映射码,需要按字节(8-bit)补齐。

锁定方式:可选。

说明:内容参数也是可选数据元素,用于声明在 RFID 标签上被编码的数据元素的相对标识值,用作 OID 索引。如果 RFID 标签有额外的数据元素,则可使用本元素。它能标识某一数据元素在标签中是否存在,这样有助于各数据元素的快速读取。如某数据元素存在于标签上,则另外需要数据读取时间;反之如果 OID 索引指示该元素不在标签上,则可以省去无用的数据扫描处理时间。

索引本身由一个二进制位序列组成。每个二进制位都与一个特定的相对对象标识符对应。如果某个二进制位被设为"1",则表示相对对象标识符及对应的数据对象在 RFID 标签中存在。由于相对对象标识符 1 是必备的,相对对象标识符 2 专指本数据元素,因此位映射从相对对象标识符 3 开始。以下为对象标识符位映射示例:

相对对象标识符 值为 1 = 被编码	3	4	5	6	7	8	9	10	11								
	1	0	0	0	0	1	0	0	1	0	0	0	0	0	0	0

□ 空白格为补齐位, 表示未编码或未采用的位
按8-bit边界补齐

在上图的示例中,对象标识符索引显示相对对象标识符值为 3、8、11 的元素被编码到 RFID 标签中。无论被编码的数据元素有多少,位映射都要在最后一个被编码的相对对象标识符之后截断。将本元素编码到 RFID 标签上时,必须将位映射按 8-bit 边界补齐。

如果要将本数据元素编码到 RFID 标签上,则应将其置于第 2 项位置,这样才可以建立数据捕获系统,从而一次性读取主馆藏标识符和 OID 索引。只有当 RFID 标签上的信息确定不变的情况下,OID 索引才能被锁定。本数据元素不包括被编码数据元素的顺序信息及数据大小信息。在上图的例子中,实际数据的编码顺序可能是 8、11、3。

5.4 所属馆代码(ISIL 国际标准化馆标识符)

相对 OID:3。

内容形式:基于 ISO 15511 的变长字段。

锁定方式:可选。推荐锁定。

说明:所属馆代码(ISIL)的 RFID 编码是根据 ISO 15511 规则所定义的结构来处理的。也就是说应用程序要处理 ISIL 编码里所有出现在两字符国家代码后面的连字符"-"。

为提高编码的效率,ISIL 按照附录 C 中定义的规则进行预编码。该规则也可用于 ILL 馆际互借机构元素(参见5.12)。附录 C 除了给出详细的编码方案外,还提供了与 ISO/IEC 15962 编码器和解码器的对接方法。

采用 ISIL 代码的优点是:假如有一套外部馆际互借(ILL)系统,能够通过基于主馆藏标识符和所属馆代码的唯一组合去跟踪馆藏。如果馆藏不进入馆际互借体系,那么该数据元素是可选的,但一旦要求在 ILL 系统中的馆藏使用 RFID,则该数据元素是必备的。此时似乎应将该数据元素锁定起来,但实际上有些图书馆希望将其设为非锁定状态,以便在图书馆合并或馆藏转移时进行必要的更改,因而锁定与否是可选的。

5.5 卷(册)信息

相对 OID:4。

内容形式:|卷(册)总数/分卷(册)编号|结构,最大值 < = 255。

锁定方式:可选。

说明:卷(册)信息由两部分组成,即卷(册)总数以及紧随其后的分卷(册)编号。

在标准的第一部分中定义了多种卷套编码的实例,特别是在并不是所有的卷册都粘贴有 RFID 标签的情况下,对卷套编码进行了特别的标识。

如果卷(册)总数小于等于9,为了减少编码量,数据用两位数字表示。如果卷(册)总数在 10 到 99 之间,则需要使用 4 位数字,其中小的序数值以 00—09 间的数字来表示。如果卷(册)总数在 100 到 255 之间,则需要使用 6 位数字,其中序数值 <100 时,则补前缀"0",凑足 3 位数字。

5.6 应用类别

相对 OID:5。

内容形式:单字节。

锁定方式:可选。

说明:本元素的用途及取值码表已在《图书馆 射频识别 数据模型 第1部分:数据元素设置及应用规则》中作了定义,其表现形式为一个字母数字字符,实际上是一个单字节的 16 进制数,在存入 RFID 标签时,直接以这种单字节 16 进数方式来编码。

5.7 排架位置

相对 OID:6。

内容形式:变长字母数字,字符集为 GB 1988。

锁定方式:可选。

说明:本元素为一个变长字段,用于标识文献所属图书馆排架体系中的位置代码。

5.8 ONIX 媒体格式

相对 OID:7。

内容形式:由 2 位大写字母组成。字符集为 GB 1988。

说明:本元素为 ONIX 媒体描述符。代码列表在《图书馆 射频识别 数据模型 第1部分:数据元素设置及应用规则》中有详细描述。

5.9 MARC 媒体格式

相对 OID：8。

内容形式：由 2 位小写字母组成。字符集为 GB 1988。

锁定方式：可选。

说明：本元素为 MARC 中的资料类别描述符。代码列表在《图书馆 射频识别 数据模型 第 1 部分：数据元素设置及应用规则》中有详细描述。

5.10 供应商标识

相对 OID：9。

内容形式：变长字母数字，字符集为 GB 1988。

锁定方式：可选。

说明：本元素为变长字段，用于标识为图书馆提供图书资料的供应商代码。本数据元素可以永久留在标签中，也可以仅在采访环节中临时使用。

5.11 订购号

相对 OID：10。

内容形式：变长字母数字，字符集为 GB 1988。

锁定方式：可选。

说明：本元素为变长字段，用于标识图书馆和供应商之间的订单号。本数据元素可以永久留在标签中，也可以仅在采访环节中临时使用。

5.12 馆际互借借入机构（ISIL）

相对 OID：11。

内容形式：基于 ISO 15511 的变长字段。

锁定方式：不可被锁定。

说明：本元素代表在馆际互借中的借入馆代码，符合 ISO 15511 标准。数据不能被锁定。

5.13 馆际互借事务号

相对 OID：12。

内容形式：变长的 ASCII 字母数字串。

锁定方式：不可被锁定。

说明：本元素为馆际互借事务号，且由借出机构分配，用以标识馆际互借事务，事务号结构由本地系统自定义。数据不能被锁定。

5.14 GS1 产品标识

相对 OID：13。

内容形式：13 位定长数字串。

锁定方式：可选。

说明：GS1 产品标识用来存储 GS1 的 GTIN－13 码。GTIN－13 含 13 位数字，通常在零售产品上以条码形式出现（没有校验位），也是零售标签的一个元素。

GTIN－13 码总以 13 位数字码的形式进入编码处理程序。也就是说，在必要的情况下，会在前面补 0。

5.15 备选的唯一馆藏标识

相对 OID:14。

说明:本元素留作将来对不同标签框架里的数据进行编码用。

5.16 本地数据

相对 OID:15、16、26。

内容形式:变长字母数字,字符集为 GB 1988 或 GB/T 15273.1 或 GB 13000。

锁定方式:可选。

说明:本地数据元素 A、B、C 均为本地应用需要而定义,不能被外部应用引用。其结构及格式也由本地定义。

5.17 题名

相对 OID:17。

内容形式:变长字母数字,字符集为 GB 1988 或 GB/T 15273.1 或 GB 13000。

锁定方式:可选。

说明:本元素为变长字段,用于标识馆藏的正题名或其他系列题名。其格式可以是 GB 13000,这样可以兼容那些不是基于扩展拉丁字符的语言的编码。

为提高编码效率最好采用以下方法编码:

a. 如果可能的话,馆藏题名应使用 GB 1988 字符集。尽量全部用大写字母,这样可以提高编码效率。

b. 如果不能使用 GB 1988 字符集,则应考虑使用 GB/T 15273.1。

c. 只有在无法使用 GB/T 15273.1 字符集时,最后才使用 GB 13000。

d. 在标签内存较小的情况下,应对馆藏题名字段设定一个长度上限。长度应设置为一个合理的最小值,小到还能从一小部分馆藏中很好识别出来(例如,当一个读者拿着 6 本书从安全门经过时,若发生报警,工作人员根据 RFID 中存储的题名可以很快找到那本有问题的图书)。

5.18 产品标识(本地)

相对 OID:18。

内容形式:变长字母数字,字符集为 GB 1988。

锁定方式:可选。

说明:本元素用于那些没有 GTIN-13 编码,或者有 ISBN 但不能独立产品,或者有 GTIN-13 码但不能读懂或位数不足的情况。这可以使具有各种编码结构的信息系统能被 RFID 系统接受。本数据元素和数据元素 13 相互排斥,且只有其中一个才能被写入标签。

5.19 媒体格式(其他)

相对 OID:19。

内容形式:单字节。

锁定方式:可选。

说明:本元素表示任何除 ONIX 或 MARC 外的媒体描述符。只有当本地对两种标准编码均不支持的情况下才可使用。

5.20 供应链阶段标识

相对 OID:20。

内容形式:单字节(2 位数字)。

锁定方式:可选。

说明:本元素用以标识 RFID 标签当前所处的供应链阶段,以 2 位数字来表示,各阶段的数值在《图书馆 射频识别 数据模型 第 1 部分:数据元素设置及应用规则》中有详细描述。

5.21　发票号

相对 OID:21。

内容形式:变长字母数字,字符集为 GB 1988。

锁定方式:可选。

说明:本元素用于标识图书馆和其供应商之间的发票编号。它可以永久保留在标签中,也可以仅在采购阶段临时使用。

5.22　备选馆藏标识

相对 OID:22。

内容形式:变长字母数字,字符集为 GB 1988。

锁定方式:可选。

说明:本元素为用于本地的可选标识。其标识可以是临时性的,且仅在采访过程中具有本地含义,必要时还可包含其他标识符。

5.23　备选所属机构标识

相对 OID:23。

内容形式:变长字母数字,字符集为 GB 1988。

锁定方式:可选。

说明:非 ISIL 的图书馆机构标识。

当图书馆标识方案先于 ISIL 并且不容易转为 ISIL 形式时,可以使用此元素。正如之前提到的,本元素可用于非 ISIL 码或部分 ISIL 码的情况。

当馆藏不包含在馆际互借方案里时,本数据元素是可选的;但当馆藏需要出现在 ILL 系统里时,该数据元素是必备的。按理应将本元素锁定,但实际上有的图书馆将其设为非锁定字段,因为他们希望将来进行图书馆合并、馆藏转移,或向 ISIL 代码迁移时,可以对其进行必要的更改。

5.24　所属机构分馆标识

相对 OID:24。

内容形式:变长字母数字,字符集为 GB 1988。

锁定方式:可选。

说明:用于进一步定义那些较 ISIL 层级更低的馆标识。同样的,它也是图书馆定义的内部代码。

5.25　备选 ILL 互借机构标识

相对 OID:25。

内容形式:变长字母数字,字符集为 GB 1988。

锁定方式:可选。

说明:除了 ISIL 外的 ILL 馆际互借机构码(借入机构)。本元素不能被锁定。

5.26 其他备用的数据元素

相对 OID 为 27 至 31 的数据元素留作将来使用。

6 数据编码

6.1 编码协议

标签中的数据读写需要通过具有标准(ISO/IEC 15961—1)命令及应答功能的设备来实现,然而传输编码数据却不需要。这样图书馆就可以从本标准所定义的数据元素中任意挑选自己所需的数据元素,同时还能支持日后可能新增数据元素的需求。数据元素的灵活选择可表现在各种不同的外借文献上,并可随着时间的推移及图书馆需求的变化而变化。

RFID 标签上的内容编码应遵循 ISO/IEC 15962 标准。一个完整的编码体系应该包括 ISO/IEC 15961—1 和 ISO/IEC 15962 标准,并且由该系统自动实现标签内容的编码。

6.2 数据组件

ISO/IEC 15961—2 要求为使用此数据编码协议的应用程序注册数据组件集,下面将说明四项数据组件及其由 ISO/IEC 15961 注册授权机构分配给图书馆 RFID 系统的专用代码。

6.2.1 AFI

AFI 是一个单字节码,用于在空中接口层快速选择标签,最大限度地减少与没有带指定 AFI 标签的额外通讯时间。

图书馆可采用以下两种方式中的任意一种来应用 AFI:

a. 采用单 AFI,其值为 ISO/IEC 15962—1 中注册的 $C2_{HEX}$。用以区分图书馆馆藏和其他物品,以免其他领域的 RFID 读写器读到被借出的馆藏 RFID 标签,从而引起应用混淆。同时此值也可确保图书馆系统拒绝来自其他领域具有不同 AFI 的物品。如果采用单 AFI 方式,则图书馆可将其锁定。但是在决定锁定前,要充分考虑图书馆馆藏将来可能通过馆际互借在其他图书馆应用的情形,因为即使文献所属馆没有采用 AFI 防盗策略,但文献借入馆有可能采用 AFI 实现在馆文献的安全防盗,这样的话,AFI 就不能被锁定。

b. AFI 可作为安全系统的一部分来使用,此时,$C2_{HEX}$ 值被写入外借的馆藏标签。当图书被还回时,AFI 值 07_{HEX}(在 ISO 15961—3 标准中定义)被写入标签,表示馆藏已在馆。此时,AFI 不应该被锁定。

6.2.2 数据格式

数据格式是单字节数据 DSFID 的一部分,用来编码对象标识。在 ISO/IEC 15961—2 中规定数据格式值 0x06($xxx00110_2$)为图书馆专用。

6.2.3 图书馆应用的对象标识

RFID 数据协议中所使用的对象标识符结构可确保每一个数据元素不仅在遵循标准的图书管理系统内唯一,而且在其他领域也唯一。对象标识符由两部分组成,即相对 - OID 和根 - OID。相对 - OID 仅用来区分特定区域内的数据元素;如果在数据元素之前加上"根 - OID"前缀,那么该数据元素在所有的对象标识符中都唯一。

在 ISO/IEC 15961—2 中规定以下"根 - OID"值为图书馆专用:

1 0 15961 8

对于本标准中所定义的所有对象标识,仅需对其相对 - OID 进行编码处理。对于专门用于图书馆领域的软件来说,在其指令中也仅需提供对象数据的相对－OID即可。

如果图书馆系统使用的是通用ISO/IEC 15962编码和解码软件,那么在指令和应答中要求有完整的对象标识符。在这种情况下,需要在相对－OID值之前加上根－OID,以形成完整的对象标识符。RFID标签编码依然有效,这是因为在编码的过程中对数据格式化的时候将根－OID剪截掉,在解码的过程中又将其重新组合起来。在平时的处理过程中,实际上只有相对－OID被编码到标签中用以区分不同的数据元素。

6.2.4　主馆藏标识的对象标识

主馆藏标识需要完整的数据标识结构,该结构被注册到ISO/IEC 15961—2规则中。这样对象标识符被标记为"唯一馆藏标识(UII)",这也是UII和其他数据元素之间的区别,确保了这种识别机制的一致性,这也许关乎未来RFID技术的发展。

主馆藏标识符注册的对象标识符码值为:

1　0　15961　8　1

其相对OID值"1"表示主馆藏标识。

6.2.5　DSFID和存取方式

DSFID是一个单字节码,由两部分组成:

a. 数据格式,如6.2.2中所定义的,以DSFID的最后5位来表示。

b. 存取方式,以DSFID前2位来表示,确定如何在RFID标签上构造数据。在标准的本部分定义的存取方式为00 = 无目录存取方式,在此方式下,所有编码的字节被合并连接成一个连续的字节流。

OID索引(参见5.3)的应用削弱了目录存取方式的优势,因此本标准部分不支持存取方式的使用。其他的存取方式参见ISO/IEC 15962第二版。在本部分没有正式修订前,不支持任何其他的存取方式。修订内容将包括新的存取方式及迁移方法的介绍。

锁定DSFID会导致RFID标签的存取方式和数据格式都会被永久地设置。因此需慎重考虑是否锁定DSFID。

6.3　ISO/IEC 15961—1指令及应答

ISO/IEC 15961—1定义了从应用程序到ISO/IEC 15962规则及读写器的一系列指令及相关应答。这些指令及应答涵盖了读取、写入和修改数据功能,用来完成比空中接口指令级别更高的操作,空中接口指令仅针对字节和数据块的处理。

这些应用指令以一种应用程序所能理解的方式去定义对象标识符及其相关对象(数据)。附加的指令参数可使得应用程序能指示编码器执行压缩数据、锁定数据、查重编码的操作。附录B中定义了与"ISO/IEC 18000—3模式1 RFID标签"相关的ISO/IEC 15961—1指令列表。

指令中的所有参数对实现编码兼容(如锁定特殊数据集,或确定数据元素的序列等指令)是必不可少的。目前已准许ISO/IEC 15961—1不需要提供与ISO/IEC 15962的详细接口,因该接口已包含在该标准的初始版本里。这就意味着ASN.1将编码规则传到ISO/IEC 15962编码器时不需再声明其兼容性。系统现已能以一种更为简便灵活的方式实现RFID标签的编码,但仍然要基于相关指令参数来进行。

6.4　ISO/IEC 15962编码规则

编码规则实现了对RFID标签上所有字节的灵活有效组合。

a. 使用一系列已经成型的压缩技术,可以有效地压缩数据,减少RFID存储和空中传输的代码量。

b. 数据格式化可以最大限度地减少对象标识符的编码,在没有固定数据结构的情况下,仍然能为特定数据的识别提供完备的灵活性。

每个 RFID 标签依据编码语法进行编码的同时,也为自己创建了一个可自解析的数据结构。这样就可以从数据字典中任意选择数据元素,也可以编码变长及各种格式的数据(如数值型数据或字符型数据),而且可将这些数据有效地混合存储在同一个 RFID 系统中。ISO/IEC 15962 规则能够使设备在事先不了解标签上所存储数据情况下,正确翻译出 RFID 标签上的内容。这对于设备之间的协同工作以及在不改变设备配置的情况下新增数据元素是非常重要的。这样就可允许图书馆在不需要做重大升级的情况下重新选择存储到 RFID 标签中的数据元素。

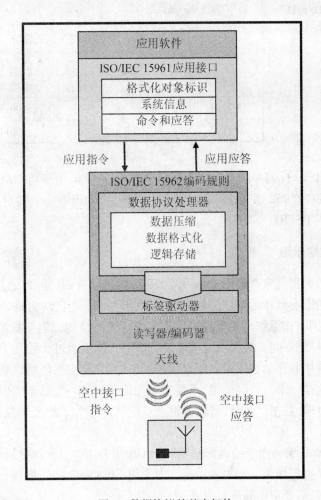

图1 数据协议的基本架构

6.4.1 逻辑存储

逻辑存储等同于 RFID 标签存储的软件结构。并不是所有的标签都有相同的存储量和存储结构。通过读写器和标签驱动器,传递块大小和块数量参数,使编码器能为一个特定的标签生成合适的逻辑存储空间。

该处理过程隐藏于应用程序内部,对于一个可完全互操作的真正开放系统而言,这是必须要做到的。与具体空中接口协议相兼容的 RFID 标签具有不同的结构。

6.4.2 RFID 标签配置

ISO/IEC 15961—1 中有特定的指令为特定的空中接口协议配置 AFI 和 DSFID。每一个系统组件的配置信息都定义在以下小节中。

6.4.2.1 配置 AFI

ISO/IEC 15961—1 中用于配置 AFI 的命令带有一个参数,告诉应用程序是否锁定 AFI。正如之前所讨论的那样,如果 AFI 用作安全系统的一部分则不能被锁定,此时 AFI 取两个值,一个用于外借馆藏,另一个用于在馆馆藏。如果某个图书馆采用了其他的安全防盗机制,那么它可根据自己的需要将 AFI 锁定。一旦 AFI 被锁定,将不能被解锁。

6.4.2.2 配置 DSFID

对于图书馆应用来说,DSFID 由两部分组成:存取方式和数据格式。将这些二进制值组合起来就形成对应的 DSFID 字节,如下表 2 所示。

表 2 DSFID 相关组成部分

	位序			DSFID
	存取方式	保留位	数据格式	字节
无目录	00	0	00110	06
有目录	01	0	00110	46

有些 RFID 标签并没有一个明确的空中接口指令,用于将 DSFID 写入到 RFID 标签上指定的存储位置。ISO/IEC 15962 通过标签驱动器中的规则,自动识别一个特定的标签是支持硬件编码 DSFID 还是支持软件编码 DSFID。

6.4.3 数据压缩

大多数数据元素都遵循 ISO/IEC 15962 的压缩规则。除此之外的特例在随后的小节中有明确论述。

如果命令参数指示要压缩数据,则 ISO/IEC 15962 自动为每一个存在的数据元素选择最有效的压缩方式,使得图书馆系统可灵活使用字母或数字编码结构。但要提醒的是,越复杂的字符集将占有越多的 RFID 标签存储空间。数据压缩可以使较短的代码仅通过少数几个字节来表示。

基于应用程序的编码可以用来编码外部的、只有主系统可以翻译的加密数据。它常用于编码 OID 索引。因为这是一个二进制位串,不要求预先编码。另一个基于应用程序的编码是用来编码相对 - OID 为 3 和 11 的 ISIL 数据。此时,将根据附录 C 定义的相关条例去预先编码 ISIL,然后根据 ISO/IEC 15962 规则编码。

GB 13000 编码用于编码那些不属于 GB/T 15273.1 默认字符集中的字符。这主要见于那些不使用第一拉丁字符集作为字符集的语言。当采用 GB 13000 字符串编码方式对相对 - OID 为 15、16、17 和 26 元素编码时,需要申明其压缩方式。

压缩模式通过 RFID 标签上的 3-bit 代码表示。下表 3 说明了全部的压缩模式及其代码值。

表 3 ISO/IEC 15962 压缩模式

代码	名称	描述
000	基于应用程序	由应用程序自描述
001	整型	整型
010	数字	数字串(从 0 到 9)
011	5 位码	大写字母
100	6 位码	大写字母、数字等
101	7 位码	GB 1988 中规定的字符
110	8 位码字符串	不变的 8-bit(默认 GB /T 15273.1)
111	GB 13000 字符串	GB 13000 外部压缩

6.4.4 创建编码数据

相对 - OID 和 RFID 标签上数据对象的编码遵循 ISO/IEC 15962 中定义的特定串形结构。下面两小节定义了与本标准相关的基本规则。

注:ISO/IEC 15962 定义了一些其他的规则,例如编码全对象标识符。如果利用这些规则去编码任意

数据,那么需要相应的解码器才能够解码出对象标识符及其数据。

6.4.4.1 相对 OID 值为 1 到 14 的数据元素的编码

相对－OID 值为 1 至 14 的数据集的结构由以下几部分组成:

a. 前导字节:编码压缩模式和相对－OID 组成的单字节。

b. 被压缩的数据对象长度。

c. 被压缩的数据对象。

数据结构如下:

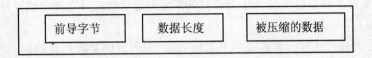

| 前导字节 | 数据长度 | 被压缩的数据 |

图 2　相对 OID 值为 1 到 14 的数据元素

本标准定义的相对－OID 值为 1 至 14 的数据元素,均可直接编码到前导字节中,这样可以减少编码空间。

前导字节组成部分的位图表示:

前导字节位图							
7	6	5	4	3	2	1	0
偏移	压缩码			对象标识符			

图 3　前导字节位图

只有在编码时,RFID 标签中存储了偏移数据,在将前导字节中的偏移位置为"1"。在随后的 6.4.4.3 小节中给出了应用偏移字节的实例。

6.4.4.2 相对 OID 值为 15 到 127 的数据元素的编码

因为在前导字节中仅为对象标识符保留了 4 个二进制位。它只能存放从 1(码值 0001_2)到 14(码值 1110_2)的相对－OID。如果要存储 15 至 127 的相对－OID 元素,则要先将前导字节的低四位置为 1111_2,然后在紧随其后的一个字节中单独存放完整的相对－OID,如图 4 所示。

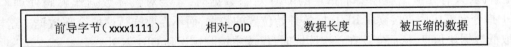

| 前导字节(xxxx1111) | 相对-OID | 数据长度 | 被压缩的数据 |

图 4　相对 OID 值为 15 到 127 的数据元素

6.4.4.3 数据锁定

根据应用的实际需要,可以锁定任何一个或多个数据元素。应用级命令中的锁对象(Lock Object)命令表示锁定全部数据集。这种锁定方法可以避免数据集中一部分信息永远不变,而另一部分信息却经常变化。"ISO/IEC 18000—3 模式 1"空中接口协议可允许块锁定。通常情况下,任何要求被锁定的数据需要按块补齐,以保证前导字节位于数据块的开始位置,而且下一个数据的前导字节也是从下一个数据块的首字节开始。编码规则可通过在前导字节后插入一偏移字节来实现所要求的补齐操作。偏移字节的数值即为所补充的空字节（值为 00_{HEX}）的数目，这些空字节被添加到实际数据之后，作为数据的结束标志。

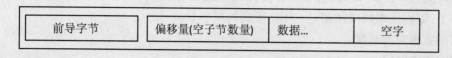

| 前导字节 | 偏移量(空子节数量) | 数据… | 空字 |

图5　补充偏移字节和空字节

尽管所有的这些处理都是由实现 ISO/IEC 15962 编码规则的软件自动完成。用户在使用时，有必要对以下因素作些了解：

　　a. 如果将被锁定的数据正好在非锁定数据之前，那么编码规则要确保该数据在块边界结束。这样就可保证不会误锁随后不被锁定的数据。这种格式化处理会因偏移字节的插入而要对前导字节的内容进行更改。

　　b. 如果要锁定两个或多个相邻的数据，那么需要在第一个被锁定的数据的始端和最后一个被锁定的数据的尾端实现块对齐。在具体编码时，如果将所有要锁定的数据聚在一起，那么可以提高编码效率，同时还可减少编码量。

　　c. 一旦一个存储块被锁定，就不能被解锁或被删除，这样数据就会被永久写到 RFID 标签上了。

6.4.4.4　逻辑存储

不管是编码一个数据还是多个数据，抑或添加或修改数据，被编码的字节均以一个与标签架构相符的数据结构形式被格式化到一个逻辑存储中。因为块大小和数量因制造商不同而不同，甚至不同版本的模型之间也有差异，所以格式化是编码规则的一个基本特性，用来实现 RFID 标签之间的互操作。这就使得任何一种 RFID 标签都可成为编码本标准的候选对象。本标准申明与"ISO/IEC 18000—3 模式 1"兼容，但是两者在空中接口标准允许的选项设置里面还是有所区别。

例如：

　　RFID 标签有不同的存储空间；

　　允许块大小在一个允许的范围内变化；

　　在读、写操作中，一些标签可以在空中接口之间传输多个块。而有的只能单块传输。

一旦逻辑存储被组装成，那么就可以在空中接口之间写入单个或多个块。任何需要锁定的块都要加上标记，以便读写器调用随后的"锁块"空中接口指令。

当从 RFID 标签中读取数据时，逻辑存储逐块组装。对于无目录存取方式的 RFID 标签，将按顺序对 OID 逐个解码，只有在应用程序要求指定的 OID 对象数据时，才会对实际数据作解码处理。ISO/IEC 15961—1 指令允许应用直接读取 RFID 标签开始位置的数据，而不需要强行读取全部数据。这样就可以快速读取低数据块信息，从而实现在首次读取时，仅读主馆藏标识和 OID 索引。

7　RFID 标签要求

7.1　空中接口协议

本数据编码方案暂时只针对遵循 ISO/IEC 18000—3 模式 1 空中接口协议的标签，以下小节详细地描述了对标签空中协议的具体要求。

7.1.1　存储参数说明

对于 ISO/IEC 18000—3 模式 1 的 RFID 标签来说，唯一标签标识符（TID）是其必备的组件。在 ISO/

IEC 18000—3 M1 – P:3b 定义的 64 位代码结构中,对其前 16 位做了说明。与本标准兼容的 ISO/IEC 18000—3 模式 1 RFID 标签,应能保证读写器和应用程序能从其所提供的信息中得到如下 RFID 标签属性:

- 块大小(参见参数 M1 – P:10);
- 块数量(参见参数 M1 – P:10);
- 可读取块大于 1 时的实际可读块大小(参见参数 M1 – P:4);
- 可写入块大于 1 时的实际可写块大小(参见参数 M1 – P:5);
- 数据可被写入的第一个块的地址;
- 数据可被写入的最后一个块的地址。

7.1.2 AFI 存储空间

符合本标准要求的 ISO/IEC 18000—3 模式 1 的 RFID 标签应该为 AFI 分配具体的存储位置,并且支持写入、读取和锁定指令。AFI 的具体地址可由 IC 生产厂商来决定,不需要在空中接口指令中作申明。

7.1.3 DSFID 存储空间

符合本标准要求的 ISO/IEC 18000—3 模式 1 的 RFID 标签应选择以下其中一种方式来存储 DSFID:

—— 首选方式是在 RFID 标签上为 DSFID 专设一个存储位置,并且支持写入、读取和锁定指令。DSFID 的具体地址可由 IC 生产厂商来决定,不需要在空中接口指令中作申明。

—— 另一种方法是采用 ISO/IEC 15962 所定义的软编码规则对 DSFID 进行软编码。

采用以上任何一种方法都可以实现 RFID 标签间的互操作。

如果 RFID 标签为 DSFID 分配了专有的存储位置,那么它一定支持"锁定 DSFID"的空中接口命令。是否锁定 DSFID,将由图书馆根据将来的应用需要来决定,如考虑是否将来需要改变标签的存取方式及数据格式等。如果 DSFID 是基于软编码的,那么在锁定它的时候应考虑是否也锁定主馆藏标识符。

7.1.4 空中接口指令

表 3 列举了在 RFID 馆藏管理中的必选和可选命令。在表格的第四列"馆藏管理需求"中列出了与本标准相符的读写器及标签所应该遵循的具体要求。

表 4 所需命令及代码

命令代码	ISO/IEC 18000—3 模式 1 的基本类型	功能	馆藏管理需求
01	必选	标签点检	命令中要求有 AFI,并且要求响应内容中包含 DSFID。
02	必选	不响应	无变化
20	可选	单块读取	读写器应支持这一命令。 当 RFID 标签不支持多块读取命令时,应支持此命令。
21	可选	单块写入	读写器应支持这一命令。 当 RFID 标签不支持多块写入命令时,应支持此命令。
22	可选	块锁定	要求读写器及 RFID 标签都支持。
23	可选	多块读取	读写器应支持这一命令。 当 RFID 标签不支持单块读取命令时,应支持此命令。

续表

命令代码	ISO/IEC 18000—3 模式 1 的基本类型	功能	馆藏管理需求
24	可选	多块写入	读写器应支持这一命令。 当 RFID 标签不支持单块写入命令时,应支持此命令。
25	可选	标签选择	读写器及 RFID 标签都应支持。
26	可选	重置	读写器及 RFID 标签都应支持。
27	可选	写 AFI	读写器及 RFID 标签都应支持。
28	可选	锁 AFI	读写器及 RFID 标签都应支持。
29	可选	写 DSFID	读写器应支持这一命令。 RFID 标签应支持这一命令,但当它不能实现时,则应支持 DSFID"软编码"。
2A	可选	锁 DSFID	读写器应支持这一命令。 当 RFID 标签支持空中接口的写 DSFID 命令时,则应支持本命令。
2B	可选	获得系统信息	读写器及 RFID 标签都应支持。
2C	可选	获得多块的安全状态	读写器及 RFID 标签都应支持。

7.2 空中接口一致性及标签性能

参见 4.2.2 和 4.2.3。

8 数据完整性、安全性

8.1 数据完整性

ISO/IEC 15962 标准规定,可以选择性地对某些独立的数据进行锁定,从而使其对应的 RFID 标签块被永久锁住而再也不能被更改。这一特性可应用于一些特定的数据对象,以确保其 RFID 标签内容不被更改。但对于哪些有可能需要修改或删除的数据元素,不要将其锁定。一般来说,图书馆可仅考虑对主馆藏标识和所属馆 ISIL 的锁定,而对于其他数据元素,可根据具体应用需要决定是否加锁。锁定数据元素可确保在外借过程中其内容的安全完整,以免核心数据被非法篡改而影响正常使用。

8.2 馆藏安全

保证图书馆外借馆藏不被非法篡改的方法可有多种。本标准没有对选择怎样的安全系统做出规定,但有必要将各种解决方案列出。ISO/IEC 18000—3 模式 1 中所规定的 RFID 标签部分特性及数据协议的实现方式可与安全系统结合起来。在下一小节中将对此作讨论,但不对其优缺点做任何评价。在实际应用时,可能有些系统会将这些特性结合起来使用。

8.2.1 AFI 的应用

在 AFI 的安防系统中,采用了 2 个标准的 AFI 值:

07_{HEX} 代表在馆馆藏的 AFI 值

$C2_{HEX}$ 代表借出馆藏的 AFI 值

在图书馆出口处的安全门将不断巡查 AFI 值为 07$_{HEX}$ 的 RFID 标签。任何带有此 AFI 值的标签一旦被感应到，将会作出应答，并将其唯一标签标识符 UID 作为信息反馈的一部分传给安全门，而具有其他 AFI 代码(如 C2$_{HEX}$)的标签则不会响应。

在这种安防系统下，AFI 不应锁定。

8.2.2　唯一标签标识符的应用

每一个符合 ISO/IEC 18000—3 模式 1 的标签都拥有唯一的标签标识符，它是由集成电路制造商在永久存储区里面设置的。标签标识符作为防碰撞技术的一部分，用以保证通过空中接口能与一个指定的 RFID 标签进行通讯。这样的话，标签标识符不仅作为连续信息交互的第一步，也是点检反馈信息的一部分。

当采用唯一标签标识符作为安防系统的一部分时，要求数据库记载下从图书馆借出的所有馆藏的标签标识符；在进行安全检查时，读取标签标识，并在数据库中查找这些标签标识；如果在登记借出的馆藏数据库中没有找到，则可认为这些馆藏被非法带出。

因为 ISO/IEC 18000—3 模式 1 的标签也可用于其他系统，因此要检查 DSFID 以确保符合本标准的要求，在点检的时候，DSFID 值也作为信息反馈的一部分。

外借馆藏的 AFI 必须要遵循本标准规定，这样就可避免受其他符合 ISO/IEC 15961—2 标准的 AFI 标签干扰。在应用"基于唯一标签标识的馆藏安防方法"时，还要保证外借馆藏标签的 AFI 值要置为 C2$_{HEX}$。

8.2.3　EAS 功能的应用

电子物品防盗(EAS)功能被一些制造商作为专有功能增加到 ISO/IEC 18000—3 模式 1 的标签中。这些特性的应用已经不在空中接口标准定义的范围内。之所以在这里提到它，是由于大量的供应商在自己系统中都有了这一功能。但不同的 EAS 系统之间是不通用的。

外借馆藏的 AFI 必须要遵循本标准规定，这样就可避免受其他符合 ISO/IEC 15961—2 标准的 AFI 标签干扰。在应用"基于 EAS 特性的馆藏安防方法"时，还要保证外借馆藏标签的 AFI 值要置为 C2$_{HEX}$。

附录 A

（资料性附录）

ISO/IEC 15961—1 相关应用指令

A.1 配置 AFI（Configure－AFI）

该指令用于写入或者改写 RFID 标签的 AFI 代码。该指令带有参数，支持 AFI 的锁定。

命令成功执行后，将得到一个有效的反馈信息，否则返回失败信息。

A.2 配置 DSFID（Configure－DSFID）

该指令支持对 RFID 标签上 DSFID 的写入。可选的命令参数决定是否锁定 DSFID。ISO/IEC 15962
标准规定了 RFID 标签的编码方式可以自动选择采用"硬编码"或者"软编码"。

操作成功将反馈成功信息，否则反馈详细的错误信息。

A.3 点检标签（Inventory－Tags）

点检标签指令被用来在众多的 RFID 标签中选择一组标签。AFI 作为选择的标准。也可以使用识别
方法（Identify－Method）参数决定选择某些标签、一定数量的标签或者所有的标签。这一参数与标签数量
参数一致。将这些参数结合到一起，可支持不同的商业应用，例如在某种情形下不需要读取所有的 RFID
标签。

指令反馈信息列出了每一个 RFID 标签的包括标签标识的 DSFID 信息。反馈信息中指明了任何失
败的性质，完善了命令说明。

A.4 写入对象（Write－Objects）

通过对象写入指令以及其增加对象列表（Add－Objects－List）参数来将一个或者多个对象及对象标
识列表写入 RFID 标签。通过压缩参数将每一个对象表示为字节串。另外，还有一些关于锁定数据以及
检查相对对象标识符是否已经编码在 RFID 标签上的参数。

指令反馈信息列出了对每一个数据对象执行了哪些操作。

A.5 读取对象（Read－Objects）

对象读取指令被用来读取一个或者多个 RFID 标签中的数据对象。通过读取类型（Read－Type）参
数来决定是仅读取第一个对象（比如主馆藏标识符和 OID 索引），还是一个或者几个对象，或者所有的对
象。如果读取类型是读第一个对象（Read－First－Objects），则还需要另外的参数支持：Max－App－
Length，以确定需要读取的字节总长度。对于某些图书馆来说，如果主馆藏标识符是固定长度，那么对这
个值的计算就比较容易。另外一个查重（Check－Duplicates）参数可以返回在 RFID 标签中是否存在多个
相对－OID 的情况，这对于"后勤管理"非常有用。

指令反馈信息列出了每一个数据对象的信息。特别的，它清楚地表明了数据是否被解压，或仍然保
持应用定义的压缩状态。

A.6 读取对象标识符（Read－Object－Identifiers）

读取对象标识符指令读取所有的对象标识符，不包括与之相关的数据对象。指令主要作为"后勤管

理"处理的一部分,例如检查 OID 目录(OID – Index)是否正确编码,或者何时从其他地方(例如馆际互借)带进来了一个新的外借馆藏。

指令反馈信息列出了所有标签中的 OID 码,或执行指令过程中的错误详细信息。

A.7 获取系统基本应用信息(Get – App – Based – System – Info)

获取系统基本应用信息指令需要读写器从 RFID 标签中读取系统信息(AFI 和 DSFID)。在一些应用中,这是一个"后勤管理"指令以确保编码正确。

读取正确时返回 AFI 和 DSFID 值。

A.8 修改对象 (Modify – Object)

修改对象指令用来修改数据对象的值,并有效地重写相关数据集。如果数据集被锁定,将无法修改。该指令带有参数,可指示所修改的数据集是否被锁定。

指令反馈的信息说明了该操作是否成功,或者说明错误的原因,如无法对已经锁定的数据集进行修改。

A.9 删除对象 (Delete – Object)

删除对象指令可以从 RFID 标签中删除一个完整的数据集。只能对没有被锁定的数据集执行这一操作。

反馈信息说明了该操作是否成功,或者说明错误的原因。

A.10 读取逻辑存储映射(Read – Logical – Memory – Map)

读取逻辑存储映射指令用于诊断目的。以标签上被编码字节形式返回完整的标签存储区内容,不对所识别的对象标识符或者对象作任何处理。

反馈信息包括标签上所有编码的字节串,或包括操作失败的原因。

A.11 擦除存储(Erase – Memory)

擦除存储指令指示读写器将指定 RFID 标签的全部编码清零。如果有被锁定块,则返回一个块锁定(Block – Locked)信息,指示指令操作失败。

指令反馈信息指示了指令是否成功执行,或者执行失败的原因。

附录 B
（资料性附录）
ISIL 预编码

B.1 介绍

ISIL 有几种数据结构。第一部分是图书馆标识符,该标识符是由 GB/T 2659—2000 国家代码中定义的两个字母字符构成;另一部分是三种不同的格式,该格式是由 1,3 或者 4 长度构成的前缀字符。减号连字符用来连接图书馆标识符及这一编码。

减号连字符主要用来区分各种类型的前缀及图书馆标识符的边界点。采用 ISO/IEC 15962 的标准压缩模式,会导致数据相对无效压缩。

为了实现对可能达到 16 个字符的长度,并且混合了大小写字母、数字字符的 ISIL 的有效压缩,本部分说明一个预编码方案,并包含在本标准中。本方案支持混合字符编码,这与 ISO 15511 标准中定义的 ISIL 是一致的。

ISIL 编码方案基于编码表(B.1 ISO 28560—2 ISIL 编码表)。所有字符分三列布局,每一列包含字符串的子集以及一些控制字符。每一个字母或者标点字符是 5-bit,每一个数字字符是 4-bit。特定的控制字符(参见 B.2)用来切换各种字符集。每一个编码的第一个字符应该大写,这将在 B.3 中说明。

表 B.1 ISO 28560—2 ISIL 编码表

大写字母			小写字母			数字字符		
值	字符	十六进制	值	字符	十六进制	值	字符	十六进制
00000	–	2D	00000	-	2D	0000	0	30
00001	A	41	00001	a	61	0001	1	31
00010	B	42	00010	b	62	0010	2	32
00011	C	43	00011	c	63	0011	3	33
00100	D	44	00100	d	64	0100	4	34
00101	E	45	00101	e	65	0101	5	35
00110	F	46	00110	f	66	0110	6	36
00111	G	47	00111	g	67	0111	7	37
01000	H	48	01000	h	68	1000	8	38
01001	I	49	01001	i	69	1001	9	39
01010	J	4A	01010	j	6A	1010	-	2D
01011	K	4B	01011	k	6B	1011	:	3A
01100	L	4C	01100	l	6C	1100	大写锁定	N/A
01101	M	4D	01101	m	6D	1101	大写转换	N/A
01110	N	4E	01110	n	6E	1110	小写锁定	N/A
01111	O	4F	01111	o	6F	1111	小写转换	N/A
10000	P	50	10000	p	70			

大写字母			小写字母			数字字符		
值	字符	十六进制	值	字符	十六进制	值	字符	十六进制
10001	Q	51	10001	q	71			
10010	R	52	10010	r	72			
10011	S	53	10011	s	73			
10100	T	54	10100	t	74			
10101	U	55	10101	u	75			
10110	V	56	10110	v	76			
10111	W	57	10111	w	77			
11000	X	58	11000	x	78			
11001	Y	59	11001	y	79			
11010	Z	5A	11010	z	7A			
11011	:	3A	11011	/	2F			
11100	小写锁定	N/A	11100	大写锁定	C			
11101	小写转换	N/A	11101	大写转换	N/A			
11110	数字锁定	N/A	11110	数字锁定	N/A			
11111	数字转换	N/A	11111	数字转换	N/A			

B.2 控制字符

每个在表 B.1 ISO 28560—2 ISIL 编码表中的字符都有 4 个控制字符。以下是使用方法：

Shift 的功能只是对接下来的第一个字符编码进行控制，用来转换不同的字符种类。使用 Shift 控制完后，将自动返回到原字符集。

Latch 的功能是控制接下来的字符，转变之后，将一直保持这个类型的字符，直到编码结束或者再次使用 Latch、Shift。

控制字符在 RFID 标签编码中是必需的，这样在译码过程中数据才可正确解析。

B.3 编码规则

B.3.1 基本字符集

编码的开始字母必须大写，作为基本字符集。这为大多数以 2 位大写国家代码作为前缀开头的 ISIL 码提供了有效的编码方案。如果 ISIL 编码由小写字母或者数字字符开始，那么大写字母字符集中的 Latch 或者 Shift 字符将是第一个变编码的二进制串。

B.3.2 编码过程

每个字符按照一定顺序编码，对应字符的二进制位图将加到已编好的二进制位串里。编码将一直使用相同的字符集，直到编码过程结束或者发现当前字符集不支持某个字符为止。

这时候，采取"向前看齐"方式去增加字符是有好处的。如果接下来的两个字符可以使用相同的字符集，则可以采用锁定（Latch）字符集方式。如果接下来仅仅一个字符可以用那个字符集编码，则采用转换（Shift）字符集方式。

注意:推荐使用这一规则的原因是因为操作简单。只要 Shift 跟 Latch 被合理使用,就可以对完整字符串通过使用交替字符集生成更加有效的编码。

Shift 和 Latch 进行数字字符集控制,其字符只需要 4 位二进制编码。

编码过程结束时,合成的二进制串也形成了,其中包括各种字符对应的 5 位二进制或者 4 位二进制串以及任何必要的控制字符串。如果二进制数目不能被 8 整除,那么在结尾用"1"来补齐。在译码过程中,一些附加二进制数可能作为控制字符出现,但是他们不能转换字母、数字或者标点,所以这些值被忽略。

B.4 ISO/IEC 15962 压缩格式说明

当字节串转化成 ISO/IEC 15962 编码,压缩方案将被定义为应用定义(Application-defined)。这样确保不会采用其他额外的压缩方式。应用定义压缩方案说明在译码过程中,需要特别的应用定义规则(例如在本附录中定义的)来解释数据串。

B.5 通用的或应用指定的 ISO/IEC 15962 编码/解码器的使用

图书馆可以使用 ISO/IEC 15962 协议定义的通用编码/解码器,或者基于本标准特别设计的编码/解码器。同样的,依赖特殊的设备配置,图书馆甚至需要支持两种方式。下面将讨论这一问题。

B.5.1 通用的 ISO/IEC 15962 编码/解码器

通用的 ISO/IEC 15962 编码/解码器将用于大众模式,在此不宜直接使用指定应用细节模式。因此在本附录中为 ISIL 定义的编码规则和暗含的译码规则都需要在外部实现。传给 ISO/IEC 15962 编码器的是字节流结果,通用 ISO/IEC 15962 解码器输出的也是未经解析的字节串。

B.5.2 ISO 28560 编码/解码器

此类特制的编码/解码器,特点是直接将 ISIL 作为其硬件或软件接口的一部分,它综合了所有在本附录中所说明的针对 ISIL 的编码处理过程,将其全部放在设备内部实现。

B.6 ISIL 编码实例

下面的例子说明了本附录表明的编码过程。

示例 1:

DE-Heu1

这个例子包含了三个字符集中的字符以及 latch 和 shift 控制字符的使用。

1. 以大写字母{D}开头,其编码是 00100。

2. 接下来编码的是三个字符{E-H},它们同属于同一字符集,其编码是:00101,00000,01000。

3. 接下来的两个字符是小写字母{eu},它与前面四个字符不在同一字符集中。因此,需要使用 latch 字符来控制,其编码为 11100。

4. 两个小写字母{eu},其编码为 00101,10101。

5. 接下来的字符是数字字符,与当前的字符集不一致,无法编码。因为只是一个数字,所以使用 shift 控制,其编码为 11111。

6. 数字{1}用 4 比特来编码,其码值为:0001。

7. 生成了一个 44 位的字符串,如表 B.2 所示。

表 B.2

D	E	-	H	小写锁定	e	u	数字转换	1
00100	00101	00000	01000	11100	00101	10101	11111	0001

8.4 比特附加字符串 1111 加在这个编码串后面，使它能够被 8 整除，变成另外一个字符串，如表 B.3。

表 B.3 ISIL 字节串

00100001	01000000	10001110	00010110	10111111	00011111
21	40	8E	16	BF	1F

示例 2：

CH-000134-1

这是一个含有较长数字串的所属机构标识实例。

1. 编码始于上一个带有字符 C 的字符集，在这里 C 被编码为 00011。

2. 继续对下两个来自同一字符集的字符 {H-} 进行编码，编码为 01000 00000。

3. 接下来的 6 个字符都是数字？{000134}，不能被编入跟前三个字符一样的字符集中。因此，一个锁定的控制字符会被编码为 11110。

4. 6 个数字 {000134} 被编码成一系列 4-bit 的编码：0000，0000，0000，0001，0011，0100。

5. 下一个字符 {-}，由于被包含在数字集里，所以它可以被编码成一个 4-bit 的编码：1010。

6. 最后一个字符是数字 {1}，它被编码成 0001。

7. 这些 bit 模式被连接起来创建成一个 52 位的字符串，见表 B.4。

表 B.4 权属机构标识 CH-00013401 的编码

C	H	-	锁定数字	0	0	0	1	3	4	-	1
00011	01000	00000	11110	0000	0000	0000	0001	0011	0100	1010	0001

8. 一个 4 位字符串 1111 被追加在这个编码好的字符串最后，用以形成一个为 8 整除的字节串，见表 B.5。

表 B.5 权属机构标识 CH-00013401 的字节编码串

00011010	00000001	11100000	00000000	00010011	01001010	00011111
1A	01	E0	00	13	4A	1F

附录 C
（资料性附录）
ISO/IEC 15962 数据压缩模式

C.1 整形数压缩

整形数压缩是用来压缩从 10 到 9999999999999999999 的十进制数（即任意 2 位到 19 位数字的数值）到一个二进制格式的技术。所输入的字符,其值在"0"(30_{HEX})到"9"(39_{HEX})之间,并且首字符不为"0"(30_{HEX})。

如果十进制数值小于 10,或比 19 位数字长,或首字符为"0"(30_{HEX}),则应采用数字压缩模式。

整形数压缩规则如下:

如果十进制数字值为 10 到 9999999999999999999,则转换为对应的二进制数值。

按字节边界补齐,必要的话在前补 0,这依赖于所采用的转换程序,有的为了获得最小化编码长度,舍弃所有以 00_{HEX} 开头的字节。被编码的字节串中不应该包含编码代码,整形数编码代码 001 放在前导字节中。

C.2 数字压缩

数字压缩用于编码任何十进制数字字符串,包括以"0"开头的字符串。字符串可以是 2 个或 2 个以上。数字压缩保留了原始字符串的长度,以便在解码时,如果出现以"0"开头的字符,也一样能输出。所有接收的字节值在"0"(30_{HEX})到"9"(39_{HEX})之间。

数字压缩规则如下:

a. 将每一个十进制数字转换成其对应 4-bit 的二进制值。

b. 如果数字个数为奇数,则追加一个"1111"的 4-bit 串,以补齐压缩字节边界。

c. 每 2 个 4-bit 码组成一个字节,在前导字节中以 010 代表这种串形数字压缩模式。

在解码处理时,如果最后一个字节的值为"xF",则忽略最后的 4-bit,从而形成一个奇数的十进制数字的数字字符串。

C.3 5-bit 压缩

5-bit 压缩用于压缩大写拉丁字母及一些标点符号,所输入的字符,其 ASCII 值在 41_{HEX} 到 $5F_{HEX}$ 之间,字符串应为 3 或 3 个以上字符。用这种模式压缩,可节省 37% 以上的存储空间。

5-bit 压缩规则如下:

a. 对于每一个字符

● 确保其字节值在 41_{HEX} 到 $5F_{HEX}$ 之间。

● 将该字节值转为相应的 8-bit 二进制值。

● 去掉开头的 3 位 "010"。

● 将余下的 5-bit 写入到二进制字符串中。

b. 将所有字符都转换为 5-bit 值,并合并连接到一起后,将二进制串从高位开始按 8-bit 一段分开,如果最后一段的位数少于 8,则以"0"补齐。

c. 将 8-bit 段变为 16 进制值。

d. 在前导字节中以 011 代表这种串行 5-bit 编码的压缩模式。

在解码时,需在压缩位串中的每一个 5-bit 段前加上前缀"010",重新生成原始数据 8-bit 值。如果在压缩位串的末尾出现填充的"0",则将其忽略。

如果出现 5、6 或 7 个填充位,则解码器可试着将第一个 5-bit 翻译成原始数据。若结果中的 40_{HEX} 不在 5-bit 压缩编码的范围之内,应将其忽略。

C.4 6-bit 压缩

6-bit 压缩用于压缩大写拉丁字母、数字及一些标点符号,所输入的字符,其值在 20_{HEX} 到 $5F_{HEX}$ 之间。如果结尾字符为 20_{HEX},则应采用 7-bit 压缩模式。字符串应为 4 或 4 个以上字符。用这种模式压缩,可节省 25% 以上的存储空间。

6-bit 压缩规则如下:

a. 对于每一个字符:

• 确保其字节值在 20_{HEX} 到 $5F_{HEX}$ 之间。

• 将该字节值转为相应的 8-bit 二进制值。

• 去掉开头的 2 位:对于字节值在 20_{HEX} 到 $3F_{HEX}$ 之间的去掉"00",而对于字节值在 40_{HEX} 到 $5F_{HEX}$ 之间的则去掉"01"。

• 将余下的 6-bit 合并到二进制字符串中。

b. 将合并后的二进制串从高位开始按 8-bit 一段分开,如果最后一段的位数少于 8,则补齐,填充的内容为"100000"的前 2 位、4 位或全部二进制位。

c. 将 8-bit 段变为 16 进制值。

d. 在前导字节中以 100 代表这种串行 6-bit 编码的压缩模式。

在解码时,压缩位串中每一个的 6-bit 段按以下情形分析:

• 如果第一个二进制值为"1",则加上前缀"00",重新生成原始值为 20_{HEX} 到 $3F_{HEX}$ 的数值。

• 如果第一个二进制值为"0",则加上前缀"01",重新生成原始值为 40_{HEX} 到 $5F_{HEX}$ 的数值。

如果填充的内容为"10","1000"或"100000",并且出现在压缩二进制串的末尾,则将其忽略。

示例:

对象数据内容{ABC123456},变成 16 进制为 41 42 43 31 32 33 34 35 36 。分析这些数值全部在 20_{HEX} 到 $5F_{HEX}$ 之间,能采用 6-bit 压缩模式。字节流转换如下:

HEX:41 42 43 31 32 33 34 35 36

二进制数:10000001 10000010 10000011 00110001 00110010 00110011
　　　　　　00110100 00110101 00110110

去掉首 2 位:000001 000010 000011 110001 110010 110011 110100 110101 110110

由于合起来只有 54 位,所以使用填充串"100000"中的前 2 位"10"追加到二进制串尾,形成 56 位二进制串。分成 8-bit 一段的字节串后如下:

000001 00 0010 0000 11 110001 110010 11 0011 1101 00 110101 110110 10

变成 16 进制值为:04 20 F1 CB 3D 35 DA

C.5 7-bit 压缩

7-bit 压缩用于压缩 ISO/IEC 646 中包含除控制符 DELETE 外的所有字符,所输入的字符,其 ASCII 值在 00_{HEX} 到 $7E_{HEX}$ 之间。字符串应为 8 或 8 个以上字符。用这种模式压缩,可节省 12% 以上的存储空间。

7-bit 压缩规则如下:

a. 对于每一个字符:

● 确保其字节值在 00_{HEX} 到 $7E_{HEX}$ 之间。

● 将该字节值转为相应的 8-bit 二进制值。

● 去掉首位"0"。

● 将余下的 7-bit 合并到二进制字符串中。

b. 将合并后的二进制串从高位开始按 8-bit 一段分开,如果最后一段的位数少于 8,则以"1"补齐。

c. 将 8-bit 段变为 16 进制值。

d. 在前导字节中以 101 代表这种串行 7-bit 编码的压缩模式。

在解码时,需在压缩位串中每一个的 7-bit 段前加上前缀"0",重新生成原始数据 8-bit 值。如果在压缩位串的末尾出现填充的"1",则将其忽略。

如果出现 7 位填充位,则解码器可试着将其翻译成原始数据。若结果中的 $7F_{HEX}$ 不在 7-bit 压缩编码的范围之内,应将其忽略。

C.6　八位编码

当以上编码模式都不能使用的情况下,才调用八位编码模式。它编码所有从 00_{HEX} 到 FF_{HEX} 的字节。

编码后的字节串和原始字符串完全相同。在前导字节中以 110 代表八位编码。

不需要作解码处理。

C.7　压缩模式支持的 ISO/IEC 646 字符

表 C　4-bit—7-bit 压缩方式支持的 ISO/IEC 646 字符

ISO/IEC 646 字符	字节值(HEX)	压缩类型			
		7-bit	6-bit	5-bit	数字
NUL	00	·			
SOH	01	·			
STX	02	·			
ETX	03	·			
EOT	04	·			
ENQ	05	·			
ACK	06	·			
BEL	07	·			
BS	08	·			
HT	09	·			
LF	0A	·			
VT	0B	·			
FF	0C	·			
CR	0D	·			
SO	0E	·			
SI	0F	·			
DLE	10	·			
DC1	11	·			
DC2	12	·			

续表

ISO/IEC 646 字符	字节值（HEX）	压缩类型			
		7-bit	6-bit	5-bit	数字
DC3	13	·			
DC4	14	·			
NAK	15	·			
SYN	16	·			
ETB	17	·			
CAN	18	·			
EM	19	·			
SUB	1A	·			
ESC	1B	·			
FS	1C	·			
GS	1D	·			
RS	1E	·			
US	1F	·			
SAPCE	20	·	·		
!	21	·	·		
"	22	·	·		
#	23	·	·		
$	24	·	·		
%	25	·	·		
&	26	·	·		
'	27	·	·		
(	28	·	·		
)	29	·	·		
*	2A	·	·		
+	2B	·	·		
,	2C	·	·		
－	2D	·	·		
.	2E	·	·		
/	2F	·	·		
0	30	·	·		·
1	31	·	·		·
2	32	·	·		·
3	33	·	·		·
4	34	·	·		·
5	35	·	·		·
6	36	·	·		·

续表

ISO/IEC 646 字符	字节值(HEX)	压缩类型			
		7-bit	6-bit	5-bit	数字
7	37	·	·		·
8	38	·	·		·
9	39	·	·		·
:	3A	·	·		
;	3B	·	·		
<	3C	·	·		
=	3D	·	·		
>	3E	·	·		
?	3F	·	·		
@	40	·	·		
A	41	·	·	·	
B	42	·	·	·	
C	43	·	·	·	
D	44	·	·	·	
E	45	·	·	·	
F	46	·	·	·	
G	47	·	·	·	
H	48	·	·	·	
I	49	·	·	·	
J	4A	·	·	·	
K	4B	·	·	·	
L	4C	·	·	·	
M	4D	·	·	·	
N	4E	·	·	·	
O	4F	·	·	·	
P	50	·	·	·	
Q	51	·	·	·	
R	52	·	·	·	
S	53	·	·	·	
T	54	·	·	·	
U	55	·	·	·	
V	56	·	·	·	
W	57	·	·	·	
X	58	·	·	·	
Y	59	·	·	·	
Z	5A	·	·		

ISO/IEC 646 字符	字节值(HEX)	压缩类型			
		7-bit	6-bit	5-bit	数字
[	5B	·	·	·	
\	5C	·	·	·	
]	5D	·	·	·	
^	5E	·	·	·	
_	5F	·	·	·	
`	60	·			
a	61	·			
b	62	·			
c	63	·			
d	64	·			
e	65	·			
f	66	·			
g	67	·			
h	68	·			
i	69	·			
j	6A	·			
k	6B	·			
l	6C	·			
m	6D	·			
n	6E	·			
o	6F	·			
p	70	·			
q	71	·			
r	72	·			
S	73	·			
t	74	·			
u	75	·			
v	76	·			
w	77	·			
x	78	·			
y	79	·			
z	7A	·			
{	7B	·			
l	7C	·			
}	7D	·			
~	7E	·			

附录 D
（资料性附录）
编码实例

D.1 介绍

此附录给出了遵循本标准编码的假想数据。实例包括需要选择性锁定的某些数据元素的特征。

在此附录中描述的步骤展示了一个范例，以便帮助读者理解如何将输入到 RFID 标签上的数据转换为被编码的字节。每个数据元素被逐个编码，但必须记住适用于 ISO 15962 的软件有可能采取不同的方式达到同一最终结果。

D.2 输入条件设想

D.2.1 RFID 标签

RFID 标签为 AFI 和 DSFID 的编码划分了存储区。因此，数据编码可以从用户存储区的第一位开始。用户的存储空间被组成 4 个字节一组的数据块（32-bit），每个数据块可以被独立锁定。

D.2.2 输入数据

将被编码的数据元素如下表所示。

表 D.1 数据元素示例

数据项	序号	相对 OID	锁定	格式	示例数据
主馆藏标识	1	1	是	变长字母数字	123456789012
OID 索引	2	2	否	位图映射码	
册卷信息	3	4	否	mn 结构 （m 和 n 均小于 99）	12 卷册中的第 3 册
架位信息	4	6	否	变长字母数字	QA268.L55
所属馆代码 （ISIL）	5	3	是	基于 ISO 15511 标准的 变长度字段	US-InU-Mu

D.3 数据元素编码

所有相对 OID 值在 1—14 范围内的，其相对 OID 值被直接编码到前导字节中。这意味着每个数据集均由前导字节、编码数据长度、被压缩数据 3 部分组成。

D.3.1 主馆藏标识

主馆藏标识（123456789012）$_{10}$ 是纯数据型的，由于它以非零的数字开头，所以压缩过程自动将其作为一个整型数来处理。编码后的字节串为：

（1C BE 99 1A 14）$_{16}$

它被编码成压缩码为 001 的 5 个字节的字符串,完整的数据集要求由一个代表对象长度的字节和一个前导字节来引导,这样共占用了 7 字节的总长。但因为这个数据集需要被锁定,所以需要进行 1 字节的扩展,以便它能在一个 4 字节的边界编码。

前导字节由三部分组成:偏移位,压缩代码和相对 OID。表 D.2 中给出了这个例子中前导字节的结构。

表 D.2　前导字节的二进制数位置

	前导字节的二进制数位置							
Bit 位	7	6	5	4	3	2	1	0
功能	偏移标识	压缩码			对象标识符			
实例	1	001			0001			

前导字节被编码成十六进制的数 91_{HEX}。由于偏移位被置成"1",因此在这个前导字节后需要立即插入一个偏移字节。偏移字节指示需要追加在数据集尾的填充字节数。在特定情况下,偏移字节本身实现了所需的字节填充(即一个字节的填充),因此其偏移值为 00_{HEX}。表 D.3 给出了这个数据集的完整编码。

表 D.3　主馆藏标识的字节串编码

前导符	偏移量	压缩数据长度	压缩数据
10010001 = 91	00	05	1C BE 99 1A 14

D.3.2　OID 索引

此索引是一个指示被编码的相对 – OID 位图。由于主馆藏标识符的相对 – OID 是必备的,相对 – OID 为 2 的对象为本数据元素,所以计数可以从 3 开始。其他在这个 RFID 标签例子中的相对 – OID 值分别是 4,6,3。对应位的二进制值为"1"表示其相对 – OID 存在。这个例子的位图为:

1101

在其后追加后缀的 4 个"0"以实现字节完整,结果的二进制串是:

11010000

转换成十六进制数是:

$D0_{HEX}$

被编码成一个字节,其压缩码是 000。

由于这个数据集没有被锁定,而且下一个也不需锁定,所以不需要按块补齐。这个数据集的完整编码见表 D.4。

表 D.4　OID 索引的字节串编码

前导字节	偏移量	压缩数据长度	压缩数据
10010001 = 91	00	05	1C BE 99 1A 14
00000010 = 02		01	D0

D.3.3　卷(册)信息

这个例子是一个 12 集多卷(册)文献中的第 3 册。编码规则要求单册数必须跟随在总集数之后。所

以输入值是(1203)10,这是个全数字码,因此按整形数编码。编码后的字符串是:

(04 B3)$_{HEX}$

被编码成两个字节,其压缩码是001。

由于数据集没有被锁定,而且下一个数据集也不需锁定,所以不必要按块补齐。完整的数据集编码如表 D.5。

表 D.5 卷册信息的字节串编码

前导字节	偏移量	压缩数据长度	压缩数据
10010001 = 91	00	05	1C BE 99 1A 14
00000010 = 02		01	D0
00010100 = 14		02	04 B3

D.3.4 架位信息

本例采用国会图书馆目录分类法,分类值为:QA268.L55。为了编码包括停顿符{.}在内的全部 9 个字符,编码软件自动选择了 6-bit 的压缩模式。编码后的字节串见表 D.6。

表 D.6

Q	A	2	6	8	.	L	5	5
0100	0000	1100	1101	1110	1011	0011	1101	1101
01	01	10	10	00	10	00	01	01
01000100	0001 1100	10110110	11100010	11100011	00110101	11010110		
44	1C	B6	E2	E3	35	D6		

编码后有 7 个字节,其压缩码为 100,指示它为 6-bit 压缩结构。

由于数据集没有被锁定,并且已经到了块边界的结尾,所以不需要块边界。这个数据集的完整编码见表 D.7。

表 D.7 增加架位信息后的字节串编码

前导字节	偏移量	压缩数据长度	压缩数据
10010001 = 91	00	05	1C BE 99 1A 14
00000010 = 02		01	D0
00010100 = 04		02	04 B3
01000110 = 46		07	44 1C B6 E2 E3 35 D6

D.3.5 所属馆标识

在这个例子中,"US – InU – Mu"包含字母数字,并且有连字符,采用附录 B 中定义的规则编码。编码见表 D.8。

表 D.8 所属馆标识 US－InU－Mu 的编码

U	S	-	I	转小写	n	U	-	M	转小写	u
10101	10011	00000	01001	11101	01110	10101	00000	01101	11101	10101

结果是一个 55-bit 的二进制串,在串尾又追加了一个二进制位"1",这样就可以变成一个被 8 整除的字节串。见表 D.9。

表 D.9 所属馆标识 US－InU－Mu 的字节编码

10101100	11000000	10011110	10111010	10100000	01101111	01101011
AC	C0	9E	BA	A0	6F	6B

这个标识被编为 7 个字节,其压缩码为 000,指示了应用定义的压缩规则。

这 7 个字节前需要加上一个前导字节和一个长度字节,最后的结果是 9 个字节。由于这个数据集要求被锁定,最后还需增加到 12 个字节以达到块边界补齐。因此,需要在前导字节中指出实际的偏移量。接下来,偏移量字节自身不足以完成块边界,所以偏移量字节被编码成数值 02 表示还需要在数据集的末尾补充 2 字节以形成块边界补齐。这个数据集的完整编码如表 D.10。

表 D.10 所属馆标识的字节串编码

前导字节	偏移量	压缩数据长度	压缩数据	填充字节
10010001 = 91	00	05	1C BE 99 1A 14	
00000010 = 02		01	D0	
00010100 = 04		02	04 B3	
01000110 = 46		07	44 1C B6 E2 E3 35 D6	
10000011 = 83	02	07	AC C0 9E BA A0 6F 6B	00 00

D.4 完整编码

为了图示目的,编码过程被表格化展示在表 D.11 中。

表 D.11 编码后的字节

Block1	91	00	05	1C	Locked
Block2	BE	99	1A	14	Locked
Block3	02	01	D0	14	
Block4	02	04	B3	46	
Block5	07	44	1C	B6	
Block6	E2	E3	35	D6	
Block7	83	02	07	AC	Locked
Block8	C0	9E	BA	A0	Locked
Block9	6F	6B	00	00	Locked

与上表 D.11 相对应,每个元素数据与全编码数据串的对应关系见表 D.12。

表 D.12 元素数据段与全编码数据串的对应关系

编码起止字节数据	数据元素段名称
91——14	主馆藏标识数据段
02——D0	OID 索引数据段
14——B3	卷（册）信息数据段
46——D6	架位信息数据段
83——00	所属馆标识数据段

ISBN 978-7-5013-4856-5

9 787501 348565 >